本书荣获湖北省科技进步三等奖

漫话小麦病虫害

（第三版）

向子钧　著

向子钧　著

WUHAN UNIVERSITY PRESS
武汉大学出版社

图书在版编目(CIP)数据

漫话小麦病虫害(第三版)/向子钧著.—武汉:武汉大学出版社,
2012.6
农作物病虫害丛书
ISBN 978-7-307-09795-7

Ⅰ.漫…　Ⅱ.向…　Ⅲ.小麦—病虫害防治方法　Ⅳ.S435.12

中国版本图书馆 CIP 数据核字(2012)第 100937 号

封面图片为上海富昱特授权使用(ⓒ IMAGEMORE Co.,Ltd.)

责任编辑:夏敏玲　　　责任校对:刘　欣　　　版式设计:韩闻锦
───────────────────────────────
出版发行:武汉大学出版社　(430072　武昌　珞珈山)
　　　　(电子邮件:cbs22@whu.edu.cn 网址:www.wdp.com.cn)
印刷:通山金地印务有限公司
开本:880×1230　1/32　印张:2.75　字数:68 千字　插页:1
版次:2012 年 6 月第 1 版　　2012 年 6 月第 1 次印刷
ISBN 978-7-307-09795-7/S·40　　定价:8.00 元

序

农作物病虫害种类繁多，常见的有 200 多种，每种病虫害的发生规律、防治方法不一样，植物保护技术亟待普及。

随着农村改革开放的深入，许多农民朋友外出务工，留守农村的劳力不仅体力单薄，而且缺乏技术。许多种田农民由于不懂防虫治病技术，常常是"病虫来了不知道，病虫过后放空炮"，看到张家防病跟着防，李家治虫跟着治，甚至盲目乱用药，明明是虫害却当病医治，既造成人力、物力、财力的浪费，又错过防治病虫害的最佳时期，导致农作物减产歉收。

农作物病虫害丛书为应用型工具书，适于基层农技工作者、农作物病虫害专业化防治组织和农业科技示范户、种田大户阅读使用，也可供植保技术推广人员、农作物病虫害专业化防治组织参考使用。

为了适应当前农村形势，提高植保科技书籍的通俗性、趣味性和可操作性，本丛书在写作上特融进文学成分，部分图书配上漫画，使之具有可读性，进而使广大读者喜爱并能快速地掌握这方面的知识。

　　本丛书运用的病虫调查资料，特别是水稻病虫调查资料，主要来源于 20 世纪 50 至 80 年代的田间系统调查。这些系统调查资料非常珍贵，由于各种原因，之后的病虫调查资料已没有先前的数据系统、完整、翔实。

　　希望本丛书能满足农民群众的需求，切实解决其生产中的实际问题。

向子钧

2012 年 5 月 3 日

目 录

上篇 病虫害的识别

下篇　病虫害的综合防治

上 篇

病虫害的识别

小麦是我国最重要的粮食作物之一，种植面积仅次于水稻。在其生长过程中，病虫害种类繁多，其中发生较重的病害有条锈病、白粉病、赤霉病、纹枯病、黑穗病和病毒病等，较重的虫害有麦蚜、麦蜘蛛、黏虫和蛴螬等。

这些病虫害形态各异，发生条件不一样，为害方式也不一样。怎样识别病虫害呢？在什么条件下对它们发生有利呢？采用什么方法防治它们呢？下面听它们分别作自我介绍。

条锈病菌自述

我叫条锈病菌，是小麦的大敌。因为身体特小，善高空飞行，所以我能周游列国。世界上主产小麦的国家，都有我的踪迹。

老二：叶锈病菌　　　老大：条锈病菌　　　老三：秆锈病菌

在我们锈菌家族里，我是老大，还有老二、老三，这是我们的内部称呼。农业专家则分别称我们为条锈病菌、叶锈病菌、秆锈病菌，而老百姓通称我们为"黄疸"。其实，我们不仅对温

度要求不同，就连长相也不一样。我需要的适温是 9℃ ~ 16℃，
老二叶锈菌需要 15℃ ~ 20℃，老三秆锈菌则要求 18℃ ~ 25℃。
因此，在春季，即使是我们入侵同一地区的小麦，也是我为先
锋官，叶锈任中军，秆锈断后。我们的外表初看好像差不
多——都是在麦株上长出铁锈一样的病斑（专家称这些病斑为
夏孢子堆）。然而仔细观察，却各不相同，我主要为害叶片，入
侵时阵容整齐，在麦叶上排列成行，这绝非王婆卖瓜，自卖自
夸；老二叶锈菌军纪很差，它们虽也进攻叶片，却军容不整，
犹如"伙夫出操，乱七八糟"；老三秆锈菌主要为害叶鞘、茎
秆，喜欢集中兵力打攻坚战，往往成千上万个菌儿集结在一起。
因此，专家戏称我们是"条锈成行叶锈乱，秆锈是块大红斑"。
在我们家族中，以我的地盘最广，对小麦的威胁也最大。

但我怕高温，气温升到 36℃，只需 2 天就会要我的小命。
因此，在盛夏到来之前，我就及早逃到海拔高、气温低的高原
去避暑。我在中国的避暑山庄数甘肃、陕西、青海、四川等地
的高原为最美，我的山庄一般坐落在海拔 1800 米左右处。

到了深秋初冬时节，我又告别越夏的山庄，随风爷杀回广
阔的平原。这时麦子已经出苗。我找准早播麦田作为攻击对象；
先入侵单片麦叶，再形成发病中心，最后使麦苗普遍感染，形
成发病基地。当寒冬来临，气温下降至 1℃ ~ 2℃，我便以菌丝
的形式潜伏在叶组织内过冬，只要冬季气温适宜，我一般都能
安然无恙。等到来春 3 月气温回升，我就从麦叶中钻出来，形
成新的夏孢子，侵染新叶，以后再逐渐扩大侵染范围，引发小
麦条锈病。

我能否流行取决于三个条件：一是小麦品种的抗病性，二是我入侵的数量，三是环境条件。如果小麦品种抗病性衰退，只要冬季温暖，来年早春气温偏高，春雨来得早或雾露重，就有利于我的繁殖和入侵，造成小麦条锈病流行；麦地低洼、排水不良，湿度大或施氮肥过多，麦株茂盛，田间通风透光性差，均对我十分有利。但如果碰上抗条锈病的小麦品种，我就无能为力，只有望麦兴叹了。因此，选育与栽培抗病品种，是人们对付我最主动的措施。

近年来，专家们培育了许多抗病品种，我能混饭吃的地方越来越少，常常忍饥挨饿。我怎能坐以待毙呢？于是，我使出变的绝招：人们推广种植抗病品种，我就慢慢变成能使这个品种感病的生理小种，并逐渐扩大地盘，使专家们育成的抗病品种，用不了几年，就会因为不能抵抗对新的生理小种，从而变成感病品种。时至今日，仅我条锈菌就有数十个生理小种。当前最厉害的是条中29号和条中30号，它们已严重威胁到黄淮以及华中主产麦区。随着新根据地的崛起，我的地盘还要扩大呢。

白粉病菌的侵略史

咱们白粉病菌算是个老牌"帝国主义"，占据的地盘很大，在各个麦区都发生。不仅为害小麦，还为害大麦、燕麦、黑麦和一些禾本科杂草。

我们家族的儿女众多，在小麦上主要为害叶片，但有时也为害叶鞘、茎秆和穗部。受害叶片出现病斑，正面比反面多，叶片基部比上部多。病斑最初为圆形或椭圆形，上面有白色的霉状物，这就是病菌的菌和分生孢子。随后病斑不断扩大，最后白霉层变成灰褐色霉，上面生有小点，这就是子囊壳。

别看这些白霉状的菌体不大，为害可不小，麦株感病后，开始症状不明显，随着病情的发展，叶片发生褪绿，发黄，严重时枯萎，这是我小小菌儿导演的结果。

在长江流域，我们通常在11月下旬就开始入侵麦地，首先在秋季早播的感病品种上安营扎寨；12月下旬至次年1月初，发展成中心病团；在严寒的冬季，在田间只能慢慢地发展；来年春气温回升后，我们如鱼得水，病情迅速

发展。

　　我们白粉病菌的分生孢子很娇嫩，对温、湿度反应极大，很容易萌发，这样受季节影响限制了我们——在南方不能直接越夏，在北方也难直接越冬。为了保存我的小命，我只好将自己裹起来在小麦病残株上越夏、越冬。我包裹起来后像一个圆形的袋子，专家们称为闭囊壳，里面装有许多子囊孢子，这是我传宗接代的种子。次年春天，托风爷的福，将我传送到麦株上，侵入表皮，引起发病。麦株发病后，白粉状的分生孢子随风到处传播，引起再侵染。

　　我们喜欢中温，在 20℃ 左右的条件下最易发病，如果空气湿度大，更有利于病菌扩展。麦株生长太密，通风透光性差，或施用化肥过多，麦株倒伏，我们便乘虚而入，引起发病。

红麦头的变迁

我的大名本来叫小麦赤霉病，但老百姓却给我取了一个不文雅的外号，叫我红麦头，甚至叫烂麦头。不过，我不在乎，名字只是个代号而已，本性才是我的实质。我主要生活在多雨潮湿的地区，是长江流域的重要麦病之一，湖北的沿江滨湖地区及鄂东南的武陵山区都是我的根据地。

老百姓一般不知道我的生活规律，就说我有"隐身法"。他们眼睁睁看着小麦抽穗灌浆时颜色是正常的，怎么到了成熟期，小麦就变红了呢？等到他们发现"我来了"，再采取措施为时已晚。其实我哪有什么"隐身法"，只是略施小计，在其扬花期间偷袭侵入，潜伏在麦穗内，等到乳期再表现出症状。我这个"地下工作者"能骗过一般老百姓，但逃不过农业专家的眼睛，他们可以发现我的蛛丝马迹：在小麦穗发病初期，小麦穗壳上先出现水渍状淡褐色病斑，渐扩大蔓延至全小穗，以后在壳的合缝处或小穗基部生出粉红色霉，专家称之为分生孢子。到了成熟期，我那粉红色的儿孙们也摇身一变，成了煤屑状黑

色小颗粒，专家们将我这一阶段称为有性时期，称黑颗粒子为囊壳。感病轻时，只局限个别小穗；病重时，全穗或大部分小穗全部发病，使籽干秕、皱缩。

我游戏小麦，除了使其产量降低以外，还有两种影响：一是使种子质量下降，种子发芽率低，影响出苗率和来年产量；二是我随身携带一种叫做赤霉酮的毒素，入侵麦粒后就释放在里面，人吃了病麦以后，就会出现头昏、发热、四肢无力、腹疼、腹泻和呕吐等症状。那是我最开心的时刻，因为许多人中毒了，还被蒙在鼓里，全然不知是我在捣乱。我不仅使人类中毒，家畜吃了我感染的病麦，也会出现食欲减退、腹泻等症状。

　　我占据的地盘很大，一个重要原因是我的寄主范围很广。人们常说"狡兔三窟"，但我何止"三窟"，除了小麦、大麦、燕麦等作物是我经常光顾的场所，玉米、水稻等禾谷类作物我也偶尔一游，因为它们都是我的寄主范围，既供我繁殖栖身，又供我生活玩耍。在稻麦两熟地区，我的生活场所较窄，过着较艰苦的日子，主要在水田内的残株上越夏。严冬来临，我只能栖息在稻桩上越冬。来年春季气温回升至15℃以上，土壤湿度达到饱和，含水量80%以上，我就释放出大量的子囊孢子，借助风雨的力量，将我送到麦穗上。我从麦穗花药侵入，经过花丝进入小穗内部，使麦穗感病。温度越高，湿度越大，对我越有利。在 5 月上旬至 5 月中旬，大、小麦抽穗扬花至乳熟阶段，遇上阴雨连绵，温暖潮湿的气候，往往是我家族集体出动的大好时机，我们的收获大，农民的收成自然就减少了。

不可忽视的"暗伤"

在过去老百姓吃"大锅饭"的日子里，农民种田的积极性不高，我也过着艰苦的生活。说也奇怪，我虽然艰苦，却不想侵犯和我同样瘦的小麦，因此，我也只能过着比较艰苦的生活，那时候，在农作物病虫害中，我确实还排不上名次。近年来，随着小麦矮秆品种的推广，播种季节的提早，特别是种植密度的提高，我已今非昔比，在小麦病害中，已由过去的无名小辈跃升为主要病害。老百姓称我为"富贵病"，意思是小麦达到"小康"生活水平后让我沾了光，发生的范围越来越广。其实，他们还忽视了我的为害性，以为我这个"富贵病"仅仅伤及皮毛，波及茎叶，对小麦产量无碍大局。他们哪里知道，我这个"改革开放"后由穷变富的纹枯病，所造成的损失绝不亚于其他主要病害，只是我本性不像别的病害那样张扬，故意显山露水，引起农技人员的注意。我造成的为害一般在稻株中下部，不易引起警惕，仅仅是"暗伤"罢了。比较起来，我的日子比其他病虫好过多了，人们往往并不知道我这个"暴发户"有

多大为害，大多不采取防范措施，我也就加快生息，迅速扩大地盘，这也是我近年来上升快的因素之一。

我虽属于真菌，但病原形态与众不同，不像许多真菌那样产生一种软绵绵的孢子，而是产生一种较硬的菌核，形状像老鼠屎，表面粗糙，褐色近圆形，真菌学家们将我归类为真菌半知菌类丝核菌属。

小麦在不同生育期均可受到我的侵害，别小看我像老鼠屎一样其貌不扬，但我在小麦生长的不同时期均可创下"杰作"，可造成烂、枯黄苗，花秆烂茎，枯穗和白穗等症状。在小麦发病时，我首先使鞘变褐，继而使鞘枯死；当麦苗长到 1~4 叶时，由于我的侵入，先是麦苗基部第一叶鞘出现黄褐色小斑点，

尔后扩大成全叶鞘，病斑中部淡色，边缘褐色；叶鞘发病后，该叶像被开水烫过一样，不久便失水枯黄。严重病株矮小不抽穗，麦秆像被践踏一样，或出现不规则倒伏；即使抽穗，结实也不饱满，甚至出现白穗。

　　我的家族大多生活在土壤表面，主要以菌核和病株残体内的菌丝越夏越冬，成为来年的初侵染源。在早播田，密植、多肥、连作田以及杂草多的麦地发病较重；若秋、冬季温暖，春季多雨潮湿，则更有利于我大显身手。

"火焰苞"的来历

在小麦抽穗扬花之后，如果你到麦地里去观察一下，很可能会发现一种奇怪现象：麦株抽出的不是正常麦穗，而是像"羊肉串"一样的一串粉，春风一吹，粉飞扬，犹如火烟灰一样四处飘落，最后只剩下一根光秃秃的穗轴，就这一株而言，也就颗粒无收了，这就是小麦散黑穗病。

小麦散黑穗病是通用名称，而有些老百姓却习惯称为"火焰苞"，还有的称灰苞、黑疸、乌麦。这么多名字同出一身自有它的道理。经散黑穗菌为害后的麦穗，麦粒中不再有白色的淀粉，而是被灰褐色的粉末所取代，病穗率也就等于损失率。此病在冬、春麦区都能发生。引发此病的罪魁祸首是真菌担子菌纲粉菌属。

如果你要追踪它的发展史，只需在小麦抽穗前仔细观察，就会发现病株的抽穗期比健株略早，麦穗外部包有一层灰色薄膜，里面充满粉，成熟后薄膜破裂，散出粉，这就是病菌的冬孢子。一株发病，若是感病品种，主茎和所有分枝都出现病穗，

如果是抗病品种，一般只有主穗发病。

　　小麦种子带菌是传播此病的重要途径。带菌麦粒和健康麦粒在外形上没有什么区别。播种后，潜伏的菌丝随着小麦种子的萌动而开始生长，侵入幼苗生长点，并像藤缠树一样，伴随着小麦的生长发育而进入麦穗基部；到了小麦抽穗期，菌丝破坏花器，使整个麦穗变了形，上面产生一种叫做厚垣孢子的真菌；当小麦扬花时，病株上飞散出的病菌孢子，好像天女散花，被风吹落到健株的花器上，发芽后由花柱侵入麦粒胚部，导致种子带菌。

　　小麦抽穗扬花期的气候，对此病的入侵有很大关系，若得风爷帮助，病菌孢子漫天飞舞，到处飞散传播。天气温暖，多雾或小雨，有利于孢子萌发和侵入，导致当年种子带菌率高。开花期干旱，种子带菌率低，来年发病就较轻。

本是线虫却属病

　　我叫小麦线虫，按专家们的分类，本是线形动物门粒线虫属，只因我为害症状像病害，所以称为线虫病。群众将受害的麦粒称为胡椒子、马莲子、铁乌麦、浪当子、麦雀子。麦苗受我线虫为害，第一片真叶舒展时就可表现症状：初期是叶子短而宽，硬直散乱，稍微带些黄色；到小麦分蘖期，病株表现为叶鞘松散，叶片皱缩扭曲，分蘖苗增多；拔节期，病株茎秆肥肿弯曲；孕穗以后，株型矮小，节间缩短，叶色浓绿，有的不能抽穗，或者虽能抽穗，但麦粒变为虫瘿，麦颖壳向外张开。虫瘿近圆形，初为青绿色，干燥后呈紫褐色，比正常麦粒小得多，却十分坚硬，麦粒内已没有淀粉，取而代之的是白色棉絮状物，这是我小麦线虫的幼虫。每个虫瘿内多达数千至数万条细虫。

　　虫瘿像是我的房子，我躲藏在虫瘿内，随着虫瘿混在麦种、肥料中，或散落在田间越夏、越冬。播种时，虫瘿随小麦种子播入土中，吸收水分，里面的幼虫逐渐苏醒，钻出病粒，侵入

幼苗，逐渐向上转移，最后达到花部，使花部受到刺激，不能正常发育，导致下一个季节麦粒变成虫瘿，这就又成了我们居住的新房子。房子内的幼虫迅速长大变为成虫，雌雄交配，产卵、再孵化成幼虫，以后就在虫瘿中休眠过冬。

在干燥环境下，病粒内的线虫可活数年，甚至长达 27 年，但落入土中病粒，幼虫只能活几个月。因此，种子带菌是主要来源，而土壤传播率则不高。小麦迟播发芽慢，幼虫侵染机会多，发病就重。

小麦为什么有鱼腥味

少儿时期的教科书上，就有描述小麦的一段话："劈劈啪，劈劈啪，大家来打麦，麦面白，麦面香，麦面做馍馍……"日常生活中吃的白面馒头或面条都带着小麦的香甜口味。然而，有的小麦为什么会有鱼腥味呢？为什么再做不出白面馍馍呢？这是一种病害引起的，它叫做小麦腥黑穗病。

小麦腥黑穗病发病很普遍，除我国南部少数地区外，各小麦产区都有发生，只是程度轻重不同而已。过去在东北、西北、内蒙古、华北、山东和西南的高寒地带发生较为严重。在湖北属于轻度产生，现在有扩大的趋势。

小麦感病后，病穗与健穗有明显不同。病穗颖壳与麦芒稍向外张开，露出部分病粒，病粒比健粒粗而短，初为暗绿色，以后为灰黑色或淡灰色，外面包着一层灰白色膜，而且充满黑粉，专家们称这种黑粉为厚垣孢子粉。这是一种真菌引起的病害，鱼腥味就是这种黑粉散发出来的。老百姓称其为腥乌麦或臭黑。

在小麦生长期，病株一般比健株矮小，分蘖增多。田间植株高矮不齐，杂乱无章。这是与正常小麦区别的初步特征。

小麦腥黑穗病的发生有着独特的途径，主要病源是在小麦脱粒时，病粒破裂后，病菌孢子飞散，黏附在健康种子表面。此外，有些地区用混有病株的麦糠、麦秆、淘麦水等沤肥或喂牲口，使粪肥中带有病菌，施入麦地，成了传播病害的侵染来源。在寒冷干燥的地区，散落在土壤中的病菌孢子，存活时间较长，也可以传播病菌。

病菌侵入的方式是：小麦传播以后，黏附在种子表面或粪肥、土壤中的病菌孢子发芽，并侵入小麦幼芽，以后病菌在麦株内生长，最后到达花部，破坏花部正常发育，形成病粒。病菌只能侵染未出土的幼芽，对于已破土而出的麦苗却无可奈何。因此，播种越深，出土越慢，发病的程度越重。土壤温度在5℃~12℃，土壤湿度中等时，病菌最容易侵染。这一发病特点表明，冬麦区播种过迟，春麦区播种过早，发病程度都比较重。

麦秆黑粉是怎么回事

麦秆是小麦植株的主秆，犹如肢体一样，起着支撑作用，一旦得了病，就直接影响小麦的产量。

麦秆比较坚硬，它会得什么病呢？在小麦拔节后，许多小麦会出现这样的症状，在小麦茎秆和叶片、叶鞘上有灰色凸起的长条病斑，以后逐渐破裂，散发出黑粉，这就是专门为害小麦的厚垣孢子，称为小麦秆黑粉病。

小麦感病后，株型比健株矮小，病叶卷曲，分蘖增多，严重时大部分不能抽穗，少数能抽穗的也多不结实，或者麦穗卷曲在旗叶叶鞘内，畸形扭曲，个别抽穗的虽能结实，但穗小，籽粒瘦。由于以上症状，老百姓称它为乌麦、黑铁条等。此病在全国各麦区都有发生，北部较南部发生面广。

此病发生有几种途径：在北方冬麦区，以土壤传染为主，小麦收获前，病株上的厚孢子有部分落入土中，收获后，大部分病株遗留田间随麦茬翻入地下。病菌孢子的适应能力极强，在干燥地区的土壤中能存活 3~5 年，打场时，种子上黏附的病

菌孢子也能传染。除此之外，一部分病菌孢子还可以通过麦秆、麦糠、打场土等混入粪肥而传染。病菌孢子随种子萌发而发芽，逐渐蔓延到生长点，躲在小麦幼芽内过冬，吸收麦芽的营养，直到第二年春天才开始表现症状。

秆黑粉病菌对温度的条件有一定要求，侵入的平均温度一般在 14℃~21℃ 范围内，日平均气温高于或低于这个范围都不适宜。因此，在一般年份，对于早播或过晚播种的小麦，发病往往偏轻。病菌不能侵染成苗，只能侵染未出土的小麦幼芽。如果整地粗糙，播种时墒情不好，播得深，都会加重病害发生。夏季田间长期积水可加速土壤中病菌孢子的死亡率，因此，上年的发病田块经过水渍，或种过水稻再种小麦，病害发生较轻。

小麦怎么矮缩了

一块长势好的小麦，田间植株应是整齐一致，生长正常。可是，有些田块的小麦却像"武大郎"和"武二郎"一样，本是一母所生，却长相各异，高矮差别极显著。那么，是什么原因导致"武大郎"式小麦矮缩的呢？这个罪魁祸首是小麦病毒病。

进一步追溯，造成病毒病的始作俑者又是叶蝉、蚜虫和飞虱。这三种害虫，都可以导致小麦发生病毒病，使小麦变成"武大郎"。然而，你仔细观察，这三种病毒病的田间矮缩症状并不一样，发病的原因也不相同。

小麦红矮病是由叶蝉引起的，这叶蝉又是三兄弟，即稻叶蝉、斑叶蝉和黑叶蝉，其中又以稻叶蝉传毒最重。稻叶蝉秋季成虫由杂草向麦田迁移，刺吸麦苗传病，并在旧麦茬叶鞘内或吹入麦田内的枯叶缝隙中产卵。稻叶蝉在甘肃每年发生3代，以卵越冬，春季第一代在麦田中生活，产卵在叶鞘内侧和种子表皮内，到7月下旬又开始产卵，不久就孵化为秋季一代若虫，

到小麦播种出苗后，迁入麦田为害。黑叶蝉也是以卵越冬，但在甘肃只发生2代。斑叶蝉却是以成虫在麦田中越冬，每年发生2代。麦苗小，受害重，拔节以后不再受侵染。早播麦田和阳坡地斑叶蝉多，发病重；冬季雪少，春暖早、干旱，都有利于红矮病的发生。

小麦红矮病算是"西北军"，主要分布在西北地区的高原和丘陵地带。除为害小麦外，还为害燕麦、水稻、高粱等作物。

第二类矮缩病叫小麦黄矮病，是由麦二叉蚜、麦长管蚜和黍缢管蚜传播的，而以麦二叉蚜为主。麦田和附近杂草的二叉蚜多，虫口密度大，带度蚜虫迁移早，有利于发生此病；气候条件有利于蚜虫繁殖时，也易引起黄矮病的发生。在肥水条件和栽培管理差的田块发生较重。黄矮病的地盘较大，主要分布在华北、西北和华东等麦区，除为害小麦外，还能侵染大麦、燕麦、谷子、糜子和多种禾本科杂草。

第三类矮缩病称为黑条矮缩病和丛矮病，其传毒媒介是飞虱"二杰"。其中黑条矮缩病的传毒者是灰飞虱和白背飞虱，传毒能力以灰飞虱为主，病毒主要在小麦和大麦上以及带毒昆虫体内越冬。丛矮病是由灰飞虱传毒引起的。由于这对孪生兄弟是同一虫源引起的，侵占的地盘更大，两种病毒病加起来占了大半个中国。其中，黑条矮缩病发生在长江下游地区，除小麦外，还为害大麦、水稻、高粱、谷子等；丛矮病主要发生在陕、甘、宁革命根据地，以及河南、河北、山西和新疆等省区，为害的作物有麦类、谷子、玉米、糜子等。

这几种病毒病的传毒媒介各异，所表现的症状也不相同。虽同属矮缩的"武大郎"之类，但形态特征不一致，有明显的

区别，在感病的时间上也有差异。

小麦红矮病按长幼顺序，应是老大，主要发生在秋苗时期。感病后，植株变红，叶尖或叶基部出现黑绿色的斑块，以后变成紫红色，叶片变厚变硬。小麦返青后，叶片短而直立，变为黑绿色，最后变为红紫色，叶鞘有时特别松张。病重的麦株不能拔节，心叶抽不出来，逐渐死去。轻病株虽能拔节，有的勉强抽穗，但往往不能结实，即使结实，麦粒也很秕瘦。抽穗的病株比健株矮，株型不正常。由于具备这些症状，这"武大郎"又多了几个俗名，被群众称为红病、金绛病、刷刷子、草胡子、钢槎、丛钵等。

老二小麦黄矮病，从小麦幼苗到成株期都能感病。苗期感病时，叶片失绿发黄，病株矮化严重，生长高度只有健株的1/3到1/2，甚至更矮，称得上麦类的"侏儒"。病重的麦苗往往不能越冬，或越冬后不能拔节、抽穗，能抽穗的籽粒也不饱满。感病较晚的麦株，矮化不明显，典型的特征为：上部幼嫩叶片从叶尖开始发黄，逐渐向下扩展，使叶片中上部也发黄，叶片黄亮有光泽，叶脉间有黄色条纹（所以俗名叫黄叶病）。穗期感病，麦株仅旗叶发黄。

老三、老四是黑条矮缩病和丛矮病，它们的为害症状有些相像，发病早的，均出现严重矮化、叶色变深、分蘖增多、不能抽穗等症状；发病迟的，植株较矮，叶色浓绿刚直，抽穗迟，穗形小，结实不良等。所不同的是，感染黑条矮缩病的，在心叶两侧边缘产生锯齿状缺刻；感染丛矮病的，分蘖无限增多，节数也较多，一般6节，多的可达7节以上，这是此病的典型症状。

叶枯、秆枯与颖枯

从小麦叶枯、秆枯到颖枯，你千万别以为是小麦成熟了，整块地里的小麦到了黄熟的季节，或者以为是某一种病害引起的小麦不同症状。这样理解，你就错了。其实，这是小麦不同时期的三种病害。它们发生的区域和寄主范围不一致，为害症状不相同，发生规律也不一样。

一是发生区域和寄主范围的差异。小麦叶枯病发生在东北春麦区，长江流域及华北冬麦区都有发生，除为害小麦外，还能侵害黑麦。小麦秆枯病只发生在华北、华东和西北局部地区，一般程度较轻，且只为害小麦。小麦颖枯病则主要发生在东北春麦区，长江流域冬麦区偶尔也有发生，一般只为害小麦。

二是为害症状有区别。小麦颖枯病主要为害叶片和叶鞘，在叶片上叶脉间出现淡绿色卵圆形病斑，以后互相愈合成不规则淡褐色病斑，上面有小黑点，叫做分生孢子器，一般先由下部叶片开始发病，逐渐向上发展。在早春和晚秋，如病菌侵入根冠部分，下部叶片可以枯死，常引起植株衰弱甚至死亡。

秆枯病出现症状较早，小麦出土一个月后，土面下的幼芽鞘或叶鞘上就开始发病，出现灰白色菌丝块，以后在周围形成幼褐色边缘的椭圆形病斑，逐渐蔓延到地上部分。返青后，病斑扩大成云块状斑纹，有时互相连接，有些植株在叶鞘内出现白色菌丝层。拔节后病斑继续扩大，叶鞘有明显椭圆形病斑。剥开叶鞘，茎秆中下部常有灰色菌丝层，且有小黑点，称为囊壳。病重的幼苗到抽穗阶段，可陆续死亡；病轻的勉强能抽穗，但因基部受害，在第一、第二节处弯曲倒折，多不结实或种子秕瘦。

颖枯病的症状则主要表现在麦穗，其次也为害茎秆或叶片、叶鞘。穗部症状在乳熟期前明显；多在穗的顶端或上半部先发生，在颖壳上起初产生深褐色斑点，后变枯白色，扩展到整个颖壳，上面长满菌丝和小黑点，也就是分生孢子器。病重的不能结实。叶上病斑不规则，中间灰白色；叶鞘发病变黄，上生小黑点。

三是发病规律也不一样。叶枯病的病菌在病株上或附在种子上越冬。在冬麦区，病菌能在秋季侵入麦苗，以菌丝体在寄主组织内越冬，到第二年继续蔓延为害。病组织上产生的分生孢子若要扩大地盘，主要借助于风、雨和水流继续传播为害。在低温、多湿的条件下，有利于叶枯病的发生。

秆枯病的病菌发生得更早。小麦收割后，病残株碎裂成块状，混入土中，形成的一种子囊孢子病菌在土中可以存活3年以上，成为侵染来源。但病株的种子不带菌。春天来临，气温上升，病菌自上而下，由麦株外层向深处发展。当平均地

温在10℃~15℃，土壤湿度较大时适宜侵染。小麦在3叶期以前很易受害，以后抵抗力逐渐增强。因此晚播小麦发病较重，早播小麦发病较轻；缺肥，管理水平差，小麦生长瘦弱叶，发病也较重。

颖枯病菌的来源有两个方面，即可以通过田间残余病株越冬，也可以附在中继站上越冬，成为第二年的侵染来源。病株上产生的分生孢子，可以借助风雨的力量，再次传播为害。湿度大，温度高较适合于此病发生。土壤瘠薄，麦株生长势弱，抗病力差，都是引起发病的因素。

危险的全蚀病

我叫小麦全蚀病，是一种危险性病害，刚开始在小麦田间只是零星发生，两三年后可发展到成片死亡。我除了为害小麦外，还可以为害大麦、燕麦、黑麦，有些年份还为害水稻、粟和一些禾本科杂草。我的根据地在山东、江苏、浙江和云南等省。最近我已进军湖北。

我为害小麦时，苗期可以导致植株矮化，分蘖减少，下部黄叶较多，根部变成褐色；抽穗后，在湿度较大的情况下，病株开始发黄，以后叶、茎穗迅速变白干枯。遇雨后，病穗发霉变灰褐色，茎基部 1~2 节处呈灰黑色或黑褐色，剥开叶鞘，里面有黑膏药状的菌丝层，上面密生黑色小颗粒，这就是病菌的子囊壳。在较干燥的情况下，以上症状不明显，病株仅表现矮小，比正常麦株发育差，后期病穗变白枯死。

我之所以危险，一是为害损失重，二是根治困难。小麦得了病，许多农技员容易误诊，老百姓更是拿我没有办法。所以

我有望在全国麦区进一步扩大地盘。

我是在土壤中的病残组织上越夏，是冬麦的主要侵染来源。病菌孢子也能黏附在种子上，随着小麦播种后发芽，我从土壤中或随着种子胚芽侵入幼苗为害。我越冬的方式是以菌丝体的形态潜伏在麦苗组织内，度过严冬之后，春季再进行发展。

农民施有机肥时，如果肥料中含有混有病残组织的粪便也能传病。在北方，春小麦发病的菌源与南国的冬小麦相同，这说明我家族适应范围比较广泛。对温度我有一定范围的适应性，侵入小麦的最适温度为 12℃ ~ 16℃，发育最适温度为 15℃ ~ 24℃。各品种间对我的感病程度有明显的差距，虽然人们筛选出了专门对付我的抗病品种，但迄今为止还未大面积推广应用。

麦根是怎样腐烂的

　　麦根腐烂，许多农民以为是小麦田间渍水，排水不良。其实不然，这是我小麦根腐病菌引起的。专家们称我为小麦根腐病，也有的地方老百姓称我为斑点病、黑点病、青死病。目前，我不仅在东北、西北和华北地区发生较多，对华中麦区也开始进行为害。除了侵染小麦外，我还能侵染大麦、黑麦、燕麦和一些禾本科杂草。

　　我在各地表现症状有差异，犹如不同肤色的人类。我在华北地区主要欺负幼苗，表现为苗期根腐。被我侵害的幼苗，芽鞘和根变褐腐烂，严重时不能出土。较轻的生长瘦弱，苗基部叶鞘上发生褐色病斑。病苗矮小丛生，无数分蘖增多，麦株逐渐枯黄，有时变成褐色或紫色，不能抽穗而枯死，或部分抽穗结实不良。

　　在东北，我主要侵染成株，感病后表现为叶斑穗枯。叶上病斑深褐色，长圆形，或较长不规则形，病斑互相愈合成为大块枯死斑。叶鞘上病斑较大，呈长形，边缘不明显，灰色，其

中掺有褐色斑点。在穗上，我一般还手下留情，仅只为害几个小穗。小穗梗和颖片先变褐色，以后表面突出褐色霉。病穗所结种子胚部变黑。

在西北干旱地区和华北局部地区，被我侵染的小麦主要表现为茎基部和根须腐烂，轻的有褐色病斑，重的植株变小，地下部分变黑腐败，导致上部籽粒秕瘦，甚至成为白穗。

造成我侵染小麦的来源是土壤中的病残组织中的菌丝体，以及带病种子内的菌丝体或分生孢子。病残组织腐烂分解后，病菌在土中失去了营养物质基础，这些病菌的分生孢子就借风雨传播为害。生活力衰弱的麦株很容易感病。除了病菌直接侵入之外，外在客观因素也可以诱发病害。如冻害和地下害虫所引起的损伤有利于我的入侵。连作麦田由于病菌的积累，发病往往较重。

此外，耕作粗放，播种过深过晚也可以诱发病害。多雨高温和气候温暖易于叶斑和穗枯的发生。在不同品种的抗病性方面有一定差异：抗寒力强的品种，苗期受害较轻；反之，不耐寒的品种，经常是我攻击的对象，发病也较重。

麦中之毒麦

麦类是主要粮食作物，是人类生活的必需原料之一。我混杂其中，滥竽充数，虽然也自称属于麦类，而其实是"假洋鬼子"。由于我含有毒素，对人类的生活不仅无益，反而毒害很大，是一般老百姓所未曾听到的。

我虽然叫毒麦，严格地说，我是混在麦地里的一种有毒杂草。比起小麦来，我繁殖较快，分蘖较多，几年之内，麦地的混杂率可以达 60% ~ 70%，使小麦产量遭受严重损失。由于毒麦籽粒中含有毒麦碱，人吃了含 4% 的毒麦面粉，会出现头晕、昏迷、恶心、呕吐、痉挛等症状，严重影响身体。对畜禽也有影响，猪、马、鸡吃了混有毒麦的饲料会中毒晕倒，甚至可以使鸡中毒死亡。

我和麦苗一起出土，如果不仔细看，在生长前期很难识别出来。实话告诉你，差异还是有的：我的幼苗基部紫红色，后变绿色（而小麦不变色），成株茎秆坚硬，在肥田内比小麦瘦，在瘦田内比小麦高，穗形狭长，波浪形弯曲，每穗有 8 ~ 19 个小穗，

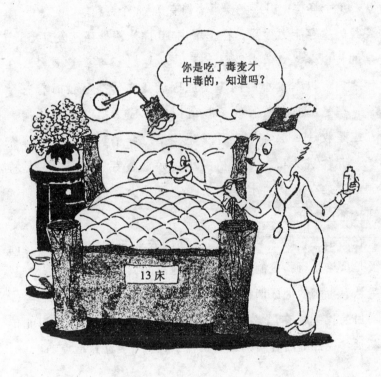

每小穗有 2 ~ 6 个籽粒，互生于穗轴上，所以俗称"小尾巴麦子"。

我成熟的籽粒带壳和芒，长椭圆形，灰褐色，坚硬无光泽。我们毒麦还有变种，其中主要的有：长芒毒麦，芒长，每小穗有 9 ~ 11 个籽粒；田毒麦，每小穗有 7 ~ 8 个籽粒。

我的生存能力很强，在土壤内 10 厘米深处还能发芽出土。我结的籽也多，繁殖力极强，比小麦大 2 ~ 3 倍，这就是我在几年之内可以蚕食小麦的主要原因。我在传播蔓延时有三个途径：一是提前成熟的种子脱落田间，成为第二年的传播来源；二是收获后混在小麦种子里，第二年播种时，我又冒充种子一起播进大田，与种植的小麦一起发芽、生长；三是推广调运混杂有毒麦的小麦种子，使我扩大新的地盘，达到远距离传播的目的。

在防治上，除了将在下篇谈到的农业防治和化学防治外，主要是严格执行检疫制度，加强产地田间调查，进行检疫检验，杜绝从有毒病的地区调种。

目前我主要在黑龙江、吉林、甘肃、青海、新疆、河北传播蔓延。经营部门省间调运小麦种子时，可要注意检疫哟！

黄、黑麦秆蝇

　　"民以食为天。"动物的精灵——人类的第一需要就是吃饭，其他动物也概不例外。我们哥俩虽属昆虫，但因为有一张嘴巴，所以也要混口"饭"吃。我叫黄麦秆蝇，老二叫黑麦秆蝇，像北方人的习惯一样，我们以吃小麦为主。只是感到委屈的是，我们的正常生活被人们称为"为害"，这大概是因为我吃了老百姓辛辛苦苦种植的庄稼吧。在取食的方式上，我们均是幼虫蛀食小麦幼苗心叶，造成枯心，后期蛀食幼穗基部造成白穗。

　　在分布的范围上，我们哥俩几乎占领了中国半壁河山。我主要分布在内蒙古、河北、山西、陕西、甘肃、宁夏、青海、新疆、河南、山东等省区；老二黑麦秆蝇主要发生在西北、华北等地。

　　我们的体积非常小，分4个虫态。我的体长只有3~4毫米，呈淡黄色，胸腹背面都有3条褐色纵纹，胸背面两侧纵纹后端各有一分支。脚的颜色很特别，呈绿色，后脚腿节显著膨大，像是病态的肿腿。

老二黑麦秆蝇的体长比我还短，仅有 1.5~2 毫米，黑色有光泽，它腰间有一根黄色的"平行棒"，腿节黑色，茎节和跗节棕黄色，后足茎节中部黑色。

为繁殖下一代，我们都要产卵。我产的卵是长椭圆形，白色不透明，长约 1 毫米；老二产的卵形状和颜色与我的卵相似，但长度却只有我产的卵的一半，约 0.5 毫米。

我们下一代的幼虫就更不同了。我产的卵孵化出来的幼虫是一种黄绿色的蛆，有 0.7 毫米长，腹末中央有一条很深的纵沟，将末端分成两半。而老二产的幼虫，身体是黄白色，长度只有 0.45 毫米，末端还有两个短小的突起，上有气孔。

幼虫老了就化蛹，都是长椭圆形的蛹。我的蛹为黄绿色，长约 4~5 毫米；黑麦秆蝇的蛹为棕褐色，前端有 4 个乳状突起，像奶牛的 4 个乳头，后端有 2 个突起。

我们哥俩不仅长相不一样，而且生活习惯也不相同。我在北方春麦区每年发生2代，第一代成虫5月下旬在麦田出现，6月上中旬是发生盛期；第二代从麦田转移到杂草上，以幼虫在杂草根基部越冬。在冬麦区如晋南一年发生4代，麦田内第一代羽化盛期在4月中下旬；第二代至第三代在杂草上生活，第四代成虫盛期约在9月下旬发生，以幼虫在麦苗和杂草上越冬。如果冬前天气暖和，也可以造成为害。我们成虫相当活跃，生殖力很强，特别早熟。从蛹壳中一羽化出来，雌虫就春心荡漾，寻求异性交配，最早在半天内就可以产卵。卵散产在麦叶正面基部。数日后孵化成幼虫，初孵幼虫从穗节的

叶鞘缝隙侵入，沿着麦秆以螺旋式向下爬，边爬边吃，直达穗节基部。老熟幼虫一直爬到叶鞘上半部的缝隙内化蛹，那里是我最后的归宿。

黑麦秆蝇比我发生代数多，在北国一年发生 3~4 代。它以幼虫在麦株内熬过严寒的冬天，一般 4 月中旬开始在麦秆内化蛹，4 月底开始羽化为成虫，5 月中旬为羽化盛期。而在南方，4 月上旬即有成虫。第一代成虫在冬麦及春麦上产卵为害，使春麦主茎不能抽出。卵多产在叶片内侧靠近叶鞘处。第二代在禾本杂草上寄生。第三代幼虫 8 月底为害早播冬麦，9~10 月份为害冬麦主茎，造成心叶枯黄或分蘖丛生，并在冬麦内越冬。

由此可见，咱哥俩虽有相似之处，但区别还是比较明显的。

吸浆虫的为害

犹如人体中的血吸虫一样，我们麦类吸浆虫也不逊色，我一般在小麦抽穗后侵入麦壳，吸食正在灌浆的麦粒浆液，致使麦粒不饱满，甚至空秕，大发生年常造成严重减产，农民损失惨重。

我们吸浆虫有两种类型。我叫红吸浆虫，另一种叫黄吸浆虫。我们为害小麦的情况大体相似，所不同的是，黄吸浆虫在侵入麦壳后，一般停留在小麦柱头顶端至腹沟中，常影响麦花的正常发育，甚至吐不出花药，以后逐渐转移到麦粒背面基部继续为害。

在分布上，我们画地为牢，各有自己的地盘。我主要盘踞在陕西、山西、河南、江苏、安徽、江西、浙江以及内蒙古、河北等省，其中以黄淮流域的低湿或水浇地发生较重，主要为害小麦，偶尔也为害青稞。而黄吸浆虫则是典型的"西北军"，主要发生在甘肃、青海、宁夏等省区。

我们的形态特征有区别。从颜色上分，我红吸浆虫的成虫为橘红色，一对复眼黑色，是很明显的标志，红黑分明。虫体很小，体长只有 2～2.5 毫米，翅展约 5 毫米，有翅一对，膜质，薄似蝉翼，且透明，有紫色闪光，后翅是平行棒，不能展开。卵为淡红色，长卵形，很小，肉眼不能看清，需通过手持放大镜才能看清其形态。幼虫为橙黄色的小蛆，老熟时体长 2.5～3 毫米，略扁平，有鱼鳞状突起。蛹的颜色变化较大，刚化蛹时与幼虫身体颜色相同。

黄吸浆虫与我的不同特点是：成虫的大小和形态虽然相似，但体色不同，姜黄色，极易区别。翅膀膜质透明，微带淡黄色。雌虫腹部末节细小形成伪产卵管，能伸缩，管端尖细如针，约为腹长的 2 倍。卵细而小，长圆形，末端收缩成细长的柄，像长柄手榴弹。幼虫体色为姜黄色或黄绿色，表面光滑。蛹在初期为嫩黄绿色，后逐渐加深，临羽化前复眼和翅芽均呈黑褐色。

我们两种吸浆虫的生活习性基本相似。一般每年发生 1 代。我红吸浆虫以老熟幼虫结成圆茧，在土中越夏越冬，干燥时呈土色，很难辨认，需沾水后才能透视其中虫体。3～4 月因早春的雨雪或灌溉，使休眠体接触足够水分时，幼虫开始破茧钻出来，爬到离土面 2～3 厘米处，直接在土中化蛹，或结成长茧后化蛹，蛹期 7～10 天。

成虫羽化后，先在土面爬行，后在小麦茎基部栖息，待翅膀干硬后开始起飞。成虫寿命很短，一般 3～4 天。雌雄交配一般是白天在麦丛中进行。雌虫在早上或傍晚飞到抽穗而未扬花的麦穗上产卵，每处产 1～2 粒，每头雌虫可产卵 30～40 粒，

以小麦护颖内、外颖背面为多。卵期约 3~7 天。幼虫孵化后钻入麦壳内为害，老熟后，麦壳内有足够水分湿润虫体，脱皮后爬出麦壳落地入土，然后结茧休眠，长时间在土中越冬。

而黄吸浆虫生活习性也具备以上这些特征，所不同的是，卵期、蛹期均较长，卵期 7~8 天，蛹期 12~15 天，产卵管自内外颖尖端直接插入麦壳，将卵产在内外颖壳中间，每处产卵约 5~6 粒。

小小皮蓟马

在大西北新疆的天山脚下，驻扎着我小小的皮蓟马。我从天山向四周"开花"，新疆全区已是我的天下。随着时光老人的推移，我入侵的地盘还将扩大。我主要进攻小麦花器，并在小麦灌浆乳熟时吸食麦粒的浆液，轻者使麦粒不饱满，严重时小麦完全成空秕粒。除此之外，我还可以进攻麦穗的护颖和外颖等，受攻击的小麦护颖和外颖皱缩、枯萎、发黄、发白，甚至出现黑褐色斑点而腐败。凡经过我折腾的麦穗，极易遭受病菌侵害，造成霉烂变质。

我的名字实际上叫皮蓟马，"小小"二字是对我们的形容词，因为身体特小，成虫体长仅 1.5～2.2 毫米，所以自谦称"小小"，也算是我有点自知之明吧。我全身黑褐色，头部略呈方形，有 1 对触角像牛角一样张开，各有 8 节。我的胸部分 3 部分，前胸、中胸和后胸。中胸和后胸愈合在一起，前胸是"活动"的，可以转动。我有 2 对翅，伸开像 4 把羽毛扇，翅缘均有毛。有 2 条腿，前足腿节粗壮，趾节很短，末端呈泡状，

后腿瘦一些。腹部10节，末端延长成管状，叫做尾管。

我产的卵乳黄色，长椭圆形，一端较尖。若虫是我的未成年时代，无翅，触角7节，初乳化时淡黄色，随着龄期的增长，逐渐转变为橙色至鲜红色，触角和尾管变成黑色。前蛹和伪蛹是高龄若虫的转变，其体长比若虫略短，淡红色，四周生有白毛。

我在新疆有固定的生活习性，每年发生1代。为了传宗接代，必须以一种自我保护方式熬过严冬，待第二年再繁殖生长。我是以若虫方式越冬的，在入冬以前，我就早早地躲进地下室。我将地下室建造在麦茬、麦根和麦场等处的土下，深度可达10~15厘米。这样的地下室，足以抵御寒冷的冬天。在北疆地区4月中旬平均气温达8℃时，我终于熬过了严冬，能开始活动了。这时大地早已春暖花开。5月上旬我在土中化蛹，5月中旬为化蛹盛期，5月下旬羽化，新一年为害冬小麦狂欢又开始了。6月中旬大量向春麦上迁移为害。从发生密度看，由于气候更适宜，春麦发生常重于冬小麦。

成虫羽化后7~15天开始产卵，我将卵产在麦穗上的隐蔽处，一般在小麦基部和护颖的尖端内侧，卵期1周左右。6月中旬，新疆冬小麦处于灌浆期，是我全军出动的大好时机，此时小麦受害最严重。7月中旬起，我们陆续撤退，离开成熟的小麦地，转移到地下室越冬，以便养精蓄锐，待来年开展新一轮为害。

漫话地下部队——蝼蛄

我长期生活在地下，以成虫和若虫的方式在土中为害作物，咬食刚发芽的种子，也破坏作物的幼根和嫩茎，把植株的茎秆咬断，或扒成乱麻状，使地上的植株枯黄死亡，造成缺苗断垄。此外，我还在表土层来往穿行，造成纵横隧道，使幼苗根系与土壤分离，导致禾苗因失水干枯而死，特别是麦苗和秧苗，最怕我们成群结队搞"大串联"，一串一大片。俗话说，"不怕蝼蛄咬，就怕蝼蛄跑"，就是指我们"大串联"式的为害。

蝼蛄是我的大名，我还有两个俗名，都是带贬义的，一个叫土狗子，一个叫拉拉蛄。这是对我们的统称。其实我们又分好几种类型，其中食性很杂，能为害多种作物，且分布较广泛的主要是非洲蝼蛄，其次是华北蝼蛄。

通俗一点说，非洲土狗子身材短小一些，体长只有 29～31 毫米，全身布满细毛，头圆锥形，两只角如细丝，前胸背板（像古代武士的护胸甲）从背面看呈卵圆形，腹部近纺锤形，后足茎节内缘有刺 3～4 根。卵为椭圆形，长约 2 毫米，初产

时黄白色，孵化前暗紫色。未成年的土狗子称为若虫，身体暗褐色，腹部纺锤形，后足茎节有刺3～4根。

华北土狗子身材稍大一些，体长39～45毫米，全身也密布细毛，头呈卵圆形，那块"武士护胸甲"（前胸背板）特别发达，呈宽大盾形，腹部近圆筒形，后足茎节内缘有1根刺或无刺。它比非洲土狗子身材大，产的卵却小，卵长约1.7毫米，椭圆形，初产时淡黄色，孵化前深灰色；若虫为黄褐色，腹部呈圆筒形，后足茎节刺1～2根。这些特征与非洲土狗子有明显的区别。

我们这两种蝼蛄在长江以北地区一年发生1代，以成虫或幼虫在洞中越冬，3～4月间成虫开始活动。我们都是"夜猫子

型"，白天藏在土中，夜晚出来觅食。非洲蝼蛄喜欢温暖潮湿，10厘米以下的土壤温度稳定在 15℃ ～20℃，土壤含水量为 20% ～22% 时，为害最重。温度、湿度超过或低于标准，对非洲土狗子不利，活动就相应减少。在腐殖质多的壤土和砂壤土，尤其是碱土和低湿地块，一般为害比较重。

人们为了掌握我们的行踪，采用一种预测方法。时间是春播作物在出苗与定苗后各调查 1 次，秋播作物在出苗、返青和拔节期各调查 1 次。选有代表性的 2 块地，每块地查 10 点，小麦、谷子等密植作物，每点查 1 米行长；玉米、薯类等稀植作物，每点一行查 10 ～20 株。如发现植株被害状，或地面上有较多的新鲜隧道，或听见我们的咕咕叫声，就证明我们已在土壤表层活动，即作出防治适期预报，指导农民开展防治。

四面出击麦蜻象

我叫麦蜻象，是一种杂食性害虫，除为害小麦外，还为害水稻、多种禾本科植物以及苜蓿和松柏。为了生计，全年有半年以上的时间到处奔波，四面出击。

我不仅食性杂，为害范围也较广，从西北的宁夏、新疆、甘肃、陕西，到华北的山西、河北，东北的吉林，长江中下游的湖北、江西、江苏，华东的浙江等，到处都有我的足迹。其中，在西北地区发生特别严重。

我用像锥子一样的刺吸式口器，吸含叶片汁液，造成叶片营养缺乏，被害麦苗出现枯心，或叶片上出现白斑，以后扭曲生长，小麦叶尖扭成女孩的辫子状，严重时麦苗的叶子好像被牛羊吃去尖端一样；后期被害可造成白穗及秕粒。

我与动物大象沾了一点边，名字中有一个"象"字。但我却是一个"小不点儿"，体长仅9~11毫米，黄褐色，有黑白条纹，头向下倾，前端尖而分裂，所以也叫尖头蜻象。我这种形象确实不敢与大象攀亲。在我背上有一块小盾片，特别发达，

像一个宽大的长舌头覆盖在背部，长度超过腹部的中央。我产的卵红褐色，像馒头形状。若虫全身黑色，复眼红色，像喝醉酒的恶魔，随时用那恐怖的双眼寻找攻击的对象。若虫的腹节之间为黄色，从尾部至腹背中央连成一个金黄色的"U"形字。

我在西部一年发生 2～3 代。成虫集中在茋茋草的基部越冬。春暖花开之后，我一般在 4 月底开始活动，5 月初迁入麦田为害麦苗，5 月下旬在麦苗下部、叶尖或地表面枯枝残叶上产卵，每 10～12 粒排成单列，就像一排整齐的馒头。从 5 月中旬开始，若虫孵化继续为害。小麦成熟时，成虫迁回茋茋草等寄主上。约在 10 月份，潜伏在寄主的基部越冬，以待来年再度为害。

麦蚜的招供

我是麦蚜家族的一员，老百姓统称我们这个家族叫腻虫，意思是我们身上油腻腻的。我们家族成员种类很多，在麦类上发生很普遍，其中以麦长管蚜和麦二叉蚜发生数量最大，为害最重。除为害小麦外，也为害高粱和谷子，还可以传播病毒，引起黄矮病。

我们的形态特征初看起来只有有翅和无翅之分，其实种与种之间是有区别的。就拿为害小麦的两支主力军来说吧：麦长管蚜，头上的两支触角比身体还长，触角分若干节，第 1 节、第 2 节为灰绿色，其余各节为黑色。身体绿色，腹部背面常有黑斑。长了翅的蚜虫头胸部为褐色，腹管为黑色，末端部有网纹，体长约 2.2 ~ 2.4 毫米。为害部位一般在叶面和麦穗上。麦二叉蚜的特征不同，它的触角只有身体的一半，后半部为黑色。长了翅的蚜虫前翅中脉分为二叉，体长约 1.5 ~ 1.7 毫米。为害部位多在麦叶上面。

麦苗受我们的为害，会引起生长问题，叶片出现黄色斑点，严重时全叶发黄，甚至枯死。小麦抽穗后，弟兄们便集中在麦穗部为害，吸取汁液，对小麦灌浆影响极大。我们一个个肥得冒油，受害麦粒却变得瘦小干秕，不仅减产，而且面粉味苦。

我们的生活规律是这样的：麦苗出土后，弟兄们陆续迁入麦地生活，但在抽剑叶前一般数量较少，常聚在剑叶基部待机而动。到了抽穗期，才是我们显威风的时期，可以为所欲为了。齐穗以后，既是为害期，又是繁殖期，这期间我们加速繁衍生殖，儿女骤增，并转移到穗部为害。到了乳熟期，我们家族人丁兴旺，数量达到高峰。

我们的战略方针是：先进攻早播麦地，后进攻晚播麦地；先攻旱地，后占水田；先从田地四周包围，再向麦地中间挺进。

影响我们发生的环境因素，以温度和营养条件最为重要，平均气温在16℃~25℃，又值小麦抽穗扬花期，对我们最有利。3、4月间的多雨高温环境下，我们活动是最频繁的。

飞来的不速之客

有一种善于飞行的虫子，它南来北往，在全国大部分省区都留有它的足迹；它是一种暴食性害虫，除为害小麦外，还为害水稻、谷子、玉米等禾谷类作物及禾本科牧草。这种飞来的不速之客就是粘黏虫。

黏虫的成虫是一种淡黄褐色或淡灰褐色的中型蛾子，体长16～20毫米，前翅中央有淡黄色圆斑2个及小白点1个，翅顶角有一黑色斜纹。它的卵呈馒头形，直径有0.5毫米左右，这个馒头形卵由白色逐渐变为黄色，孵化时成了"黑馒头"。幼虫体背有许多条纹，老熟时体长30毫米，体色变化较大，从淡绿到浓黑，头淡褐色，沿着蜕裂线有2条黑褐色条纹，像"八"字。

这些飞来的不速之客经过产卵，孵化，以幼虫为害麦叶及麦穗。初孵幼虫先在心叶里咬食叶肉，吃成白色斑点或小孔，群众称"麻布眼"。3龄后向麦株上部移动，蚕食麦叶，形成缺刻。5～6龄进入暴食期，受害严重的麦株、麦叶全被吃光，

仅留麦穗，甚至咬断麦穗，仅剩光秆。当一块地的麦叶吃光后，就成群结队迁到另一块麦地为害。迁移时像扫荡队，除极少数幸免于难外，它们经过的植物大多在劫难逃，均遭到严重为害的厄运。

黏虫发生代数各地不同，从北向南逐渐增多，东北 2～3 代，华中 4～5 代，华南 7～8 代。江南春天温暖，3、4 月间成虫即开始活动，由长江以南各地向北迁飞，至黄淮地区繁殖，4、5 月间为害麦类。5、6 月间羽化又迁往河北、山西北部以及东北和内蒙古等地繁殖，6、7 月间为害麦类、谷子和玉米等。7 月中、下旬到 8 月初羽化后向南迁往山东、河南及辽宁西南部等地繁殖，7、8 月间为害谷子和禾谷类作物。8 月底到 9 月上、中旬羽化后又迁飞到长江以南各地，继续繁殖，9、10 月为害水稻，冬季为害小麦。在北纬 33°以南地区以幼虫及蛹越冬。

　　成虫产卵繁殖和幼虫取食活动都喜欢温暖、潮湿的环境，一般多雨年份发生较重。它怕高温、干旱。它还特别喜欢蜜源植物（如桃、李树、油菜、紫云英等），麦地离蜜源植物越近，黏虫发生量越大。种植过密、多肥、灌溉条件较好、生长茂盛的麦地，小气候温度偏低，相对湿度较大，有利于黏虫发生，受害往往较重。

下 篇

病虫害的综合防治

"多国部队"紧急会议

在文化较落后的农村，由于许多农民不能识别我们，这使我们自鸣得意，总以为可以在人类面前为所欲为。殊不知，人们逐渐有了防范措施，而且经过多年的经验积累，正由单一防治走向综合防治。这使我们感到日子不好过了。以锈病家族为首的侵略部队召开了小麦病虫紧急会议，号称"多国部队"联席会。与会者交流了各自面临的处境，汇报了从各地刺探得到的情报，即综合防治对策。会议纪要如下：

（一）处境艰难，四面楚歌。与会者一致认为，现在日子越来越不好过。以前老百姓不能识别我们，将锈病说成是天上下的"黄疸"，说麦蜘蛛是地上发火……但这已成为历史。随着科学技术的普及，人们不仅认识了我们，而且随着化学工业的发展，可以用各种不同的农药对付我们。特别是近年来，由单一防治转向综合防治，人们运用农业、物理、化学、生物等各方面的手段，以生态学为基础，全方位地进行防治，试图将我们控制在最低限度，甚至用预防的办法，做到未雨绸缪，使我们

没有出世之日。

（二）各地的综合防治策略。一是各地贯彻因地制宜，分类指导的原则。根据不同小麦种植的自然区域，以及我们发生的差异，明确不同主攻对象：南方冬麦区，以我赤霉病、白粉病、锈病、蚜牙和黏虫为主；北方冬麦区以我锈病、病毒病、白粉病、地下虫、蚜虫和黏虫为主；春麦区，以我黑穗病、黏虫和地下虫为主。二是针对我们小麦病害重于虫害的特点，在防治上，注重加强了预防工作。三是对于我们善于远距离传播和迁飞的锈病与黏虫，加强了越夏菌源基地和越冬虫源基地的调查、监测工作。

（三）我们的对策。各位病菌要不断地变出新的生理小种（或株系），增加人类抗病育种工作的困难，使他们辛辛苦苦培育出的所谓抗病品种，用不上几年，就变成感病品种，从而为我所用。各虫源家族，要尽快适应农药环境。农药是人们对付我们的最有效的手段之一，只要我们适应了，抗药性也就增强了，农民施药的效果就差了。只要他们处于被动地位，我们就可以在小麦上立于常胜不败之地。

"众成员国" 话防治

病虫害没有常胜不败。倒是人们通过预防,有效地控制了病虫的猖獗为害。数年后的一天,围绕这个问题,"众成员国"开了碰头会,汇总了人们在小麦不同生育阶段的防治方法。

(一) 播种期的防治

——选育抗病品种。"人们在抓基地工作,首先是选育和推广抗病品种",赤霉病菌率先发言,"据可靠消息,近年来,各地在对抗我赤霉病菌家族方面做了许多工作,取得了很大进展,找到了一些抗性稳定的品种,可供生产上直接利用或作为抗源材料。如苏麦3号,是60年代末期育成的,30多年了,抗性才有些衰退。这样的品种对我家族是极大的威胁。又如苏州地区农科所从国内外1000多个品种中,筛选出苏麦2号、2250、7495、望麦17、荆麦4号、荆麦10号、汉麦1号、湘麦1号、贵农1号、早麦1号、望麦15号等抗性较稳定的高抗品种。具有中等抗性的品种(品系)就更多了,如中原地区种植

的郑麦9023，已在全国主产麦区大面积推广。这些抗病品种，已使我家族菌儿四处碰壁，再也不能为所欲为了。

病毒病菌接着发言："人类除了选育大量抗真菌的品种外，对我病毒病菌家族，也通过抗病品种来威胁，如河南省信阳地区，前些年由于我的入侵，大面积发生土传花叶病毒病，后来种植'博爱74—22'、'信阳12'等抗病品种，将我经营多年的根据地捣毁了，这些品种的病株率仅在3％以下，而同一地区感病品种的病株率却高达90％以上。"

——种子消毒，防治病虫。条锈病菌对这个问题作了如下阐述："进行种子消毒处理，是预防我麦类病虫最经济、简便的有效措施，人们动了不少脑筋。如湖北近年来推广粉锈宁拌种，不仅能预防我条锈病菌家族，还能兼治叶锈病、白粉病、黑穗病、根腐病、纹枯病、全蚀病、颖枯病和白秆病等。"

"真的？"众病虫闻毕大惊失色，异口同声问道："小小粉锈宁药剂能对付我们众多病菌，那人们是如何实施的？"

黑穗病接过话茬说："条锈病说得对。由于粉锈宁是一种高效内吸杀菌剂，并且有预防和治疗效果，尤其是以广谱杀菌著称。以我的亲身体会，他们在技术上抓了两点：一是拌种质量，二是拌种范围。"

黑穗病继续说："因为拌种质量是决定拌种效果的关键，必须使每粒麦种都附有药粉，只有这样，才能起到麦粒在播种后吸水萌发时，将药剂吸进种子内，传导到叶片，达到预防我们的效果。为达到此目的，人们严格把住两关：一是严格掌握用药量。按有效成分计算，药量为种子重量的0.03％，即15％粉

锈宁粉剂每 100 克拌麦种 50 千克，25% 粉锈宁粉剂每 100 克拌麦种 83 千克。他们掌握这个用量很严格，因为过量就会产生药害，药量不足又会降低防效。二是选择拌种工具。他们只用拌种桶或塑料袋进行拌种，而绝不用铁锹或脸盆拌种，更不用手搅拌。我也悟不出是什么道理，只听农民说用拌种桶和塑料袋拌得均匀。"

"你能给我们讲讲是如何拌的吗？也让我们有个心理准备。"众病虫提高要求。

"那是不堪回首的往事"，黑穗病显然不愿提起"夜走麦城"的事，但看着一双双期待回答的目光，它又接着往下说，"他们把种子装在拌种桶里，我也就附在种子上稀里糊涂地被装进去了，种子只有容器的一半。这时他们将盛好的药倒入桶内，盖上盖。我感到一种窒息，接着那桶转了起来。我直觉得天旋地转，痛苦不堪，一会就失去了知觉。等把我们放出来，众菌儿大多被毒死。后来听说那个桶被摇动了 100 转，而且怕我们身上没粘到药，顺、逆方向各转一半。至于用塑料袋拌种，同样是要命的。他们在一个袋子里只装 8～10 千克麦种，然后把药剂放在麦种中间，由两个大汉各提袋子的一端，上、下翻动 100 次，让麦粒都粘上药，每个菌儿都难逃厄运。"

黑穗病讲完，众病虫一个个都吓傻了。好一会才缓过神来。其中有一个问："那关于拌种范围是怎么回事呢？"

"还是由我来回答吧"，条锈病说，"这是针对我条锈病穗期效果进行的。拌种对穗期的效果，是靠控制菌源和防治病害两者相结合而取得的。要取得控制我广大菌源的效果谈何容易，

必须有一定范围的连片拌种面积才行，即在一定范围内进行彻底地拌种处理，从而消灭菌源，或把菌源压得很低。如果留下一块未拌种的麦地，就等于给我留下了根据地，繁殖起来，不仅这块田将被我拿下，而且我还会向周围很快扩展。而拌种处理范围越大，越彻底，效果越好，我们就越遭殃。根据这几年的较量，我也摸清了他们的战略部署：在山区，对一冲一垄或一沟一坝，都进行了彻底拌种处理；在平原或丘陵地区，他们连片拌种一般在 5000 亩以上。凡是没达到这个标准的，我就有空子可钻。"

轮到虫子发言了。地下害虫的代表说："近年来人们用 50%1605 乳剂 0.5 千克，加水 25～50 千克，拌麦种 250～500 千克，主要防治蝼蛄、兼治蛴螬和金针虫，使我们这些地头蛇再也不能为所欲为了。人们还用 40% 乐果乳剂 0.5 千克，加水 20～30 千克，拌麦种 200～300 千克，主要防治蝼蛄、蛴螬；还用 50% 辛硫酸 0.5 千克加水 25～50 千克，拌麦种 250～500 千克，防治蛴螬、蝼蛄和金针虫。"

"防蚜虫也可以拌种呢。"这是传毒媒介蚜虫的声音，"人们用 0.3%～0.5% 可湿性灭蚜松粉剂拌种，残效期可达 40 天左右，对人畜安全，对我儿孙的杀伤力却特别大，真是高效低毒农药。若不是我繁衍得快，无限制地生儿育女，那也许就后继无蚜了。"

——改进耕作栽培技术。"这一条对我们都有影响，"纹枯病菌说，"这主要是通过改善耕作制度，加强水肥管理，恶化我们病虫的生态环境"。赤霉病菌接着说："南方冬麦区常

年雨水较多，人们现在很注意开沟排水，做到'三沟'，也就是厢沟、腰沟、围沟相通，做到了雨住田干，并经常清沟理墒，降低地下水位，促进麦株根系发达，生长健壮，提高抗病虫能力，减少我们病虫发生蔓延的机会。此外，他们还注意适期播种，这样可以避过或减轻小麦锈病、赤霉病和病毒病的侵染为害。"

（二）幼苗期的防治

纹枯病说："为了防止麦苗长势过旺，避免成为我的温床，农民采取冬前压苗。施肥也比过去科学了，现在推行重施腊肥，开春后早施追肥，促进早发、早熟。过去老百姓不认识我们，现在科学技术开始普及了，老百姓从小麦秋播开始，就加强了对锈病、纹枯病和蚜虫的调查与防治。在条锈病常发区，早播、低湿田和易感病品种，生长茂盛的田块是农业专家注重查治的地区，一旦发现锈病，立即用粉锈宁药剂消灭发病中心。当然，对我纹枯病菌也不饶过，当病株率达 20% ~30% 时即用药。一般防 1 次在拔节前，防 2 次在苗期和分蘖末期各用药 1 次，每亩用 5 万单位的井岗霉素 200 克，或用爱苗防治 1 次。"

"还有你——麦蚜老兄"，纹枯病指着麦蚜接着说，"我身体虽然小，但也逃不过农技人员的眼睛。专家给你订了一个防治标准：当蚜虫率达 15% ~20% 时，或每株平均有蚜虫 5 头即进行防治，一般用 40% 乐果溶油 2000 倍液喷雾，或用 20% 速灭杀丁乳剂 15 ~20 毫升，加水 50 千克喷雾。"

（三）拔节至抽穗期的防治

白粉病说："这一阶段条锈病、叶枯病、黑粉病、麦蜘蛛和我都是人们的主攻对象。"

"自拔节期开始，在多雨的气候条件下，当条锈病病叶率达1%，叶锈病病叶率达5%，人们即用药防治，亩用20%粉锈宁乳剂30毫升，兑水8千克，机动弥雾防治。根据病情，每隔7~10天喷一次，共喷2~3次。"

"对我白粉病菌，当病株率达1%，或每亩平均有5个中心病株，定为防治对象田。防治药剂除粉锈宁外，还用40%多菌灵800倍液，或40~60单位的庆大霉素。

"'老黑'最显眼。"白粉病指着黑穗病说："抽穗期田间发现黑穗病时，农民结合农事操作，顺手牵羊将'老黑'拔除，携出田外烧毁或深埋。"

"除了瞄准我们这些主攻对象外，这期间对麦田还加强了清沟排水工作，防止雨后积水；并看苗追肥，避免过量施用氮肥，防止倒伏，减少病菌侵染。"

（四）开花至乳熟期的防治

赤霉病说："抽穗扬花期，长江流域要根据菌量和天气，以防治我赤霉病为主。他们对我提倡'三准'：一是打准对象，即针对感病品种，掌握火候用药。小麦开花期气候适宜，温度在15℃以上，连阴雨3天以上，沿江湖地区的小麦地，都列为防治对象田。二是抓准用药适期。小麦开花期是易受我赤霉病病

菌侵袭的危险期，抓住开花期用药，就等于抓住了我的咽喉。他们根据品种类别、播期早晚进行观察，并掌握不同类型田块的特点。当开花穗达 10%～15% 时，为用药适期，他们就在这一两天内施药。三是选准药剂。我的克星是灭病威和多菌灵。这两种药有不同剂型，最致命的是胶悬剂，亩用 40% 多菌灵胶悬剂 125 克，或 40% 灭病威胶悬剂 100 克，分别加水 60 千克喷雾，常把我控制在有病无灾的程度。最近筛选的新药剂氰烯菌酯，试验效果更好，严重威胁我家族的生命安全。"

叶锈病说："在孕穗至扬花期，人们并没有放松对我锈病家族和白粉病菌的防范。当我叶锈病病叶率达 5%～10% 时，白粉病病株率达 40% 时，他们亩用 25 粉锈宁可湿性粉剂 35 克，兑水 60 千克喷雾。欲将我们置于死地。"

秆锈病说:"我和黏虫老弟是小麦生育期最后一阶段被打击的对象。对黏虫,他们根据预测预报,高肥密植的田块,一般一类麦田每平方米 15 头以上,二类麦田 10 头以上就进行防治,往往将黏虫老弟消灭在幼龄阶段。对付黏虫的武器弹药有几种:一是喷粉。每亩用 2.5% 敌百虫粉剂 2.5 千克。二是喷雾。用 90% 晶体敌百虫 2000 倍液或 50% 杀螟松 2000 倍液,或 80% 敌敌畏 1500 倍液,任选一种,每亩喷药液 60 千克。三是撒毒土。每亩用 2.5% 敌百虫粉剂 2 千克,拌细土 20 千克,均匀撒于麦田中。这些方法犹如地网,使黏虫老弟无法藏身。

"对于我秆锈病菌,也有一个防治标准,当病秆率达 2% 时,即开始喷第一次药。药剂和用量同条锈病。以后根据病情发展趋势,隔 7~10 天再喷一次。直至人们全胜为止。"